北海道犬がやって来て

山本正勝・杏子

白馬社

—目　次—

I

さようなら生駒《いこま》

Ⅱ　ヴァルトへ

I

さようなら生駒《いこま》

斑尾のペンション

ペンション開業

1977年の秋、私達夫婦は結婚当初からの夢だった「田舎暮らし」が実現して、信州の斑尾でペンション「ぶ〜わん」を開業した。

ペンションの名前がつくまでに紆余曲折があった。

最初は、私の名前の山本をつけるのが良いとコンサルタントに言われた。しかし、始めた時既に38歳の私は、ひねくれていた。この平凡すぎる名前はペンション名にまで使いたくなくて、喧嘩ごしで、独自の名前をつけることにした。

今でこそ色々な、わけの分からない名前（他人《ひと》のことは言えないが）のペンションが多いが、当時は、よほどのことがない限り、オーナーの苗字を付けたのである。ペンションの組織も小さく、良く統率されていたのである。だから、ある種の造反だったわけだ。ましてや「ぶ〜わん」。何のことか分からない。誰も憶えてくれないとさんざん言われた。ただ、譲るところは結構譲ったつもりがあったので、これだけは頑固に押し通した。

さて、「ぶ〜わん」の由来だが、オープンして1年間位は、ほとんど毎日、お客さんの集まったところで説明させられた。その頃は、全く芸がなかったので、こんな事でひと遊びした。

「実は、中世の頃のヨーロッパにあった言葉で、今はもう死語になっているんです。意味は、『貴族の館』です」

「へー、フランス語かと思いました」

などと言う人もいた。

ようやく、皆がひとつの話題に集まったところで、話が佳境に入る。

「ごめんなさい。今のは冗談です。本当は、動物の鳴き声を並べただけなんです。私達夫婦が動物が好きで、横浜にいた時は団地住まいで、小鳥しか飼えず、斑尾に行ったら色々な動物を飼おうと話し合っていたので考えついたんです。

こちらに来る少し前に、知人からウサギの子どもをもらい、内緒で部屋で飼ってたんですが、斑尾へ行ったら、どうしても犬を飼うことに決めていたんです。将来は、馬や山羊も飼いたいなどと言ってたんです。

そこで、モー、ヒヒーン、メエ、ワン、ピー、ニャー、ブーなど色々並べて組み合わせてみたんです。ただ変わってるだけでなく、やはり言いやすい、憶えやすいのが大切なので、短くすることにし、結局『ブー・ワン』に落ち着き、ひらがな書きの『ぶ〜わん』にしたんです。

ところで『ぶ〜』は、ブタではありません。ウサギなんです。追いつめられて逃げるところがなくなると、相手を威嚇するために、後ろ足を蹴って、鼻を鳴らすのが『ぶ〜』なんです。『わん』は勿論、犬です。これが本当の由来です」

これが、まるでセレモニーでもあるかのように、毎日繰り返された。

こうして、我々の期待を担って、我が家の一員になったのが、これからお話しする北海道犬の生駒と早太郎だったのである。

子犬が来た

斑尾でペンションを始めて2ヶ月ほどした1977年10月3日、我が家に子犬が連れて来られた。斑尾に来た当初は、セントバーナードとかピレニアンマウンテンドッグのような超大型犬を飼いたいと思っていたのだが、病気にかかりやすいと言われ、また、たまたま、斑尾でセントバーナードが何匹か既にいたので稀少価値もない、などと考えて、雑種でいいということになった。そこで、隣近所の人達に、犬がどこかで生まれたら教えてほしいと頼んでおいた。夏の忙しい時期が過ぎて、ようやく落ち着いた頃、犬が生まれたという知らせを受けたので、早速こちらの希望を伝えた。

「それでは、親から離せるようになったら、早速連れて来てください。できればオスがいい」

それから間もなく、生まれた先の『太郎』という飯山の街の焼鳥屋さんから、連絡があった。

「今日連れて行ってもいいですか」

たしか、ダンボールに入れられて来たと思う。中を覗いたら、2匹いるではないか。それも白と茶と。

焼鳥屋の『太郎』さんの話だと、純粋の北海道犬で、白がメスで、茶がオスだという。

「うちは、オスだけでいいんだけど」

「色が極端に違うので、2匹連れて来てみたんです。もし、もらい手がなければ、千曲川に流すつもりです」

先方の脅迫？　にまんまと乗せられて、妻が私の顔を覗き込みながら言った。

「2匹飼っちゃだめ？」

その頃の妻は、まだ若く、なかなかかわいかった。とてもだめとは言えなかったのである。茶色の方は、熊の子どものようだったが、白い方は、ポケッとしていてかわいかった。

「しょうがないから飼うことにしよう」

私がそう言うと、妻が飛び上がらんばかりに喜んだ。『太郎』さんもまた、お礼の日本酒二本を手に、ほっとした表情で帰っていった。それから、2匹の名前がつくまでに2日とかからなかった。

最初は、「茶色い方は、熊五郎にしよう」と私が主張した。何せ、体は茶色だが、顔は、

13　斑尾のペンション

鼻のあたりが真っ黒で、まるで熊の子のようだったのである。それでは、白い方は何てつけるのかということになり、白いから「雪」にしようかと言ってみたがぴんとこない。そのうちに、妻が信州の民話の本を持って来て、オスは、妖怪退治の勇敢な「早太郎《はやたろう》」に、メスは、お姫様に恋をした馬の悲恋物語の主人公の名を取って「生駒《いこま》」にしようと言い、即、決定した。そして、足が太くて少し体の大きかった早太郎を兄、生駒を妹ということにした。

しかし、それからが大変だった。何しろ、連れて来られたのが生まれて12～13日目。目が見えてなかった。当然のことながら、ミルクをやるのも、おしっこをするのも、手を貸してやらなければいけなかった。ミルクは、昼も夜も人間の子どもと同じように3時間おき。こちらが努力しなくても、2匹とも3時間おきに律義に騒ぐ。夜12時にやると、3時、その次は6時、しっかりと起こすのである。

私は起きたことはなかった。「母親は君なんだから」と言ったら、妻は素直に母親をやっていた。ダンボールの中でおしっこをすると、すぐに新聞紙を取り替えてやるのだが、どうしてもダンボールがしめっぽくなる。そこで、ベッドルームとトイレを別にした。トイレをしたい素振りをすると、急いでトイレに入れてやり、済むとベッドルームに戻すことにした。早太郎は、クンクンと言って知らせるので、急いでトイレに入れてやると、気持ちよさそうに済ませる。生駒はというと、これが誰に似たのか悪い子で、クンクンと言った時には、してしまった後がほとんどだった。「おしっこをしてしまって気持ちが悪いから新聞紙をとりかえて!」というクンクンなのだった。

連れて来られてから1週間か10日の間は、目に曇りがあって見えないふうで、ミルクの入った容器を近くに置いても、においを頼りに近づいていくようだった。ようやく、ミルクの容器に顔を突っ込んで2匹が飲み始めると、またひと仕事なのである。夢中でミルクを飲んでいると、頭が重いせいか、顔をミルクのなかにペチャッと突っ込んでしまい、同時にお尻が持ち上がってしまうのである。お尻を手で押さえてやると、またペチャペチャ飲み始めるのである。

2匹とも食いしん坊で、ミルクがなくなるまで顔を上げなかった。ようやく飲みほすと、顔中にべっとりついたミルクを拭いてやった。こうして、てんてこ舞いの子育てがしばらく続いたのである。

看板娘

斑尾の人気者

斑尾の冬は雪が多く、寒さも厳しい。すぐ北には、昔は豪雪地で有名だった上越市の高田があり、北東にはかつて陸の孤島と言われた秋山郷があり、周りには、志賀、野沢、妙高、黒姫、飯綱、戸隠などの山々がある。斑尾高原の中心をなす斑尾山は標高は１３８２メートルとさほど高くないが、雪が多く、雪質も２０００メートルクラスの山にひけをとらない良さがある。

そうした環境の中でスキー場が開発され、ペンション村ができた。南の地方の保養地と違い、体力を必要とする地域だけに、ペンションのオーナーは若い人が多かった。20代半ばから30代前半がほとんどだった。従って、親と一緒に斑尾に来た子どもも多く、また、斑尾に来てから生まれた子どもも多かった。そんな子ども達の人気を一身に集めたのが生駒だったと言っても過言ではなかった。

生駒と早太郎を連れて散歩に出ると、近所の子どもが、

「あっ！　生駒だ」

と叫んで駆け寄って来たりした。早太郎はどちらかというと、玄人受けする顔付きをしていたので男の人にもてた。道路工事のおじさんや、建築工事に来ている中年の男の人によく話しかけられた。

「お！　いい顔してるな。何犬だい？」

「北海道犬なんですよ」

私がそう答えると、続けてこう聞いたものだ。

「それで、こっちの白いのはスピッツかい？」

私は憮然として答えた。

「この白いほうも純粋の北海道犬なんですよ」

しかし、あまり何度もこんな会話が繰り返されるので、私も少々自信がなくなって、生駒に、

「本当におまえ、北海道犬なのかな？」

と生駒を傷つけるようなことを言ってしまったりした。しかし、ある時、ある雑誌に、昔は熊狩りに使われた猟犬であると説明され、何と生駒そっくりの犬の写真が載っていて、その特徴の舌の斑点も合致し、

「やっぱりおまえは、本当の北海道犬だったよ」

と汚名を晴らすと共に、

「お父さんまで疑ったりしてごめんね」

と謝ったものである。

さて毎日、ほとんど同じコースを暇なときは1時間以上かけて散歩するのだが、人気者だけに、あちらこちらで寄り道をすることになる。生駒をとてもかわいがってくれた、あるレストランの奥さんは、予めお菓子やパンを用意していて、通りかかるとお店から飛び出してくる。生駒をなでながら世間話に花が咲いて、すぐ20～30分経ってしまう。そのレ

ストランの奥さんが留守でいない時などは、お店の前で立ち止まって扉の方をじっと見ている。いくら待っても出て来ないので、

「今日は留守らしいよ」

と言って歩き始めるのだが、歩きながら、何度も何度も振り返るのである。私が何かに気を取られて、よそ見しながら歩いていると、突然、生駒が私の足の後ろに衝突してくる。

「生駒！　前を見て歩きなさい」

と叱って、また歩き始める。それでもまた振り返る。かわいがられるわけである。そして、散歩していると、子ども達がぞろぞろくっついてくることもあった。

そんな斑尾のちっちゃなファン達の中に、生駒の子どもがほしいとせがむ女の子が現れた。近くのペンションの娘で、当時小学校2～3年生だったろうか。あまり話さない、おとなしい娘だったが、熱烈な生駒のファンだった。そのペンションのオーナーとは親しかったので、度々その話を聞かされ、とうとう生駒に子どもを産ませようと本気で考えるようになったのである。しかし、いざとなると、相手は純粋の北海道犬の方がいいが、交配料を払ったり、遠くへ連れていったりというのも気が進まない。いろいろ考えた揚げ句、兄貴の早太郎と結婚させてしまおうと考えた。

ところが、早太郎はその素振りを見せるのだが、生駒は一向にその気にならない。他のオスの犬には興味を示すのだが、〝早太郎はお兄ちゃん〟という意識が強いらしく、結婚の対象には考えにくいようだった。そんなことをしているうちに、生駒に子どもを産ませるチャンスを失ってしまった。

生駒のファンと言えば、ちょっと変わったところで、例えば、お客さんの朝食に出すパンを毎日届けてくれる20歳位のお兄さん。パンを届けると、帰り際に必ず生駒のところで遊んでいく。また、ガソリンスタンドのお兄さんは、定期的にタンクに灯油を入れに来てくれるのだが、その度に生駒をなでていく。そして、管理事務所の60歳近いおじさん。散歩の途中、新聞を取りに事務所に寄るのだが、生駒と早太郎を見ると、事務所からわざわざお菓子を持って来てくれる。八百屋の奥さんは、毎日野菜を届けにくる度に、どんな忙しい時でも、生駒と早太郎の頭をなでて、何事かさかんに話しかけていく。いったい何人の人に、生駒はなでてもらったことになるのだろうか。

看板娘

ぶ〜わんを開業した年の秋に、生駒と早太郎を飼うようになったわけだが、その頃学生だったお客さんが結婚して、子どもが1人か2人いるようになった。独身の頃、2匹を散歩してくれた人達が子どもを連れてくるようになり、その子ども達がまた、

「生駒！　生駒！」

と言って親しむようになった。年に1〜2回しか会わないのに、生駒の印象は強烈らしく、家に帰ってからも、生駒の名前だけは口にするとよく聞く。お客さんから挨拶状や年賀状などいただくことがあるが、

「生駒と早太郎は元気ですか？」

とか、

「生駒と早太郎によろしく」

と子どもの字で書かれ、そのあとに名前が記されている。そんな熱烈な生駒ファンがやってくると、実はほっとするのである。子どもをいかに飽きさせないで遊ばせるかというのが、私達子どものいない夫婦の最大の課題と考えているからである。私は、子どもが好きな方なので、比較的好かれることが多いが、やはり大事な取引先を接待するときのような緊張感がある。

「これから犬の散歩に行くんだけど、一緒に行かないかい？」

私が遠慮がちに話しかけると、今まで少し硬い表情をしていた子どもが、笑顔を見せて答える。

「うん」

お父さんが、折角、父子のふれあいを考えて、

「バドミントンしようか。それとも、ボート乗りに行こうか」

と持ちかけるのだが、

「僕、犬の散歩に行ってくる」

と言って、父親の申し出を断ってしまい、ハラハラすることもある。

時々は、このようにお父さんの顔をつぶしてしまうこともあるが、家族旅行の大半は、子どもを喜ばせることが大きなテーマであることは確かなので、お父さんには内心申し訳ないと思いつつ、生駒の功績は大したものだと思っている。

ところで、うちで犬を2匹飼っているという理由だけで来てくれるお客さんが多い。勿論、それだけ犬が好きな人達なのだが、生駒はその期待に十分応えた。うちへ来るお客さんは全部、自分と遊んでくれるものと思っているのか、愛想を思い切り振りまく。大きな

荷物をもって道を歩く、斑尾にいかにもふさわしくないセールスマンなどは怪しいという感じの吠え方をするのだが、入口を入って来る、大きな荷物を持ったお客さんは決して吠えない。どこで見分けるのか、尻っぽだけゆらしてじっと見ている。自分に少しでも近づいて来ると尻っぽは、ちぎれんばかりに揺れる。

女性のお客さんに多いのだが、玄関を入って来るなり開口一番。

「犬はどこにいるのですか」

「向こうの林に小屋があるんですよ」

私がそう答えると、すっ飛んで行って、なかなか帰って来ない。

そんな人達と、夜お酒を飲む機会があると、犬の話で終始する。私達夫婦は、大の犬好きで犬の話をしだしたら、何時間でもしている方なのである。ましてや、生駒と早太郎の話をしだしたら、とめどがない。生駒の人気は、早太郎には気の毒なほどで、大した看板娘だった。

キャンとワン

小さい頃から、早太郎は頭が良くて、学習力も抜群だったが、それにひきかえ、生駒は単純な子だった。散歩の時間になると、早太郎は小屋の中ですまして待っている。生駒は、じっと食堂の方を見て、前足を揃えて催促が始まる。生駒のは、「ワン」ではなくて、「キャン」である。それが決まってひと声ずつ始まる。こちらをじっと見ながら待ちの態勢をとって鳴くのである。

「キャン」

決してあせらない。でも、適当に間を置いて、定期的にまた鳴く。

「キャン」

早太郎は、それでもまだ素知らぬ顔をしている。役割分担が決まっていたようだ。しばらくやっていると、お父さん（私）か、お母さん（妻）が気がつく。あわてて時計を見る。

「あ！　いけない。そんな時間か」

私がそうつぶやくと、すかさずまた鳴く。

「キャン」

窓から生駒を見ると、生駒も気が付いて、足踏みをして、早く行こうとせがむ。

「それじゃ、みんなで行こうか」

話が決まって、散歩の支度を始める。まず、厨房の鍵をしめる。

「ガチャ」

素知らぬふりの早太郎がちらっとこちらを見る。しかし、起き上がりはしない。生駒は相変わらず、定期的に「キャン」をやっている。次に散歩用の服を着る。そして、窓の鍵をしめる。早太郎が起き上がって、うろうろし始める。生駒はやはり相変わらずやっている。

「キャン」

玄関を出て、鍵をしめ、引き紐をもつと、早太郎が今度は自分の番とばかり騒ぎ出す。

「ワンワン、ワンワン」

生駒はまだ、ポケッとした顔をして鳴いている。

「キャン」

散歩用の引き紐を首輪につけるのは生駒が先。力の強い早太郎を先につけると、大騒ぎして生駒の引き紐がつけにくくなるからだ。生駒の引き紐をつけて、早太郎のをつけようとすると、生駒が早く行こうと言って、あごを地につけ、お尻を上げてせかせる。ようやく皆で出掛ける準備ができると、生駒が早太郎の引き紐の付け根あたりにかみついてじゃれる。どういうことかよく分からないが、このしぐさを必ずする。うれしくてじゃれているのか、早く行こうと言っているのか、毎日相も変わらぬしぐさで、散歩が始まるのである。

散歩大好き

生駒が1日のうちで一番楽しみにしているのは、ご飯ではなく、実は散歩だった。ペンションの仕事が忙しいシーズン中は、30分位しか時間が取れず、コースも毎日同じだったが、それでも喜んで散歩した。

まず、ペンションを出て、バス道路を少し歩き、すぐに脇道に入る。希望湖《のぞみこ》や湿原へ行く道である。途中に運動場があり、別荘地があり、管理人のおじさんがいつもかわいがってくれる保養所があり、保育園がある。このあたりまで5~600メートルの距離である。

その先は、左右が林になっていて、いずれは別荘地にでもなるのかもしれない。更に1

キロほど行くと三叉路があり、トイレと休憩用東屋がある。左が湿原、右が希望湖への道である。その日の許される時間に見合って途中で引き返すのである。

生駒はいつも側溝際を歩きたがる。体力では早太郎にかなわないがなかなか譲らない。早太郎が興味のあるものがあると生駒は押しのけられる。でも、すかさず割り込んで行く。早太郎に邪魔されないと、うれしそうにお尻をぷりぷり振りながら歩く。時々、私の方を振り返ってはまた歩きだす。そして、帰り際に管理事務所により、新聞受け箱から、新聞を出し、帰路につく。これがシーズン中のほとんどお定まりコースである。

そして、どんなどしゃ降りの日でも、どんなに吹雪いていて寒い日でも、決して散歩は欠かさなかった。ただ、夏の暑い日だけは日中を避けることがあった。やはり、寒いより暑い方がつらいようであった。

散歩に出掛けてあまり早く用を足してしまうと（ウンチのことだが）、すぐ帰るはめになりそうな不安があるのか、ねばってなかなかやらない。事実、休憩の暇もないくらいペンションの仕事が忙しい時は、用が済んだらすぐ帰ろうと思うのだが、こちらの心の内を読んでいるかのように、意地悪してなかなかしない。へたにせかせると早太郎はやめてしまう。すごいおこりんぼなのだ。生駒はやりそうでやらない。早太郎よりたちが悪かった。

大分はしょって帰ってくると、入口のあたりで早太郎が四輪駆動で踏ん張ってバックする。帰りたくない、つながれたくないというのである。生駒は、おやつほしさにさっさと小屋へ向かう。ようやく鎖につなぐと、生駒が足踏みして待っている。水とお菓子だ。まず水をきれいな水に取り換えてやり、おやつを持って来てやる。大騒ぎして食べると、後はおとなしく、思い思いに寝そべったり、道路を行く人達を見物したりしている。

シーズンオフは時間もあるし、人も少ないので遠出することが多い。お定まりのコースはゲレンデ周遊コースである。バス道路を真っすぐスキー場へ向けて歩き、ショッピングプラザを過ぎると左へ折れる。数軒のペンションを通り過ぎるともうゲレンデである。ゲレンデの芝生に入り、松が3本立っている所までくると、スキー場が一望できる。

スキーシーズン以外は、そこから下へおりると平らな部分がミニゴルフ場になっている。雪のないゲレンデも広々として気持ちがいい。近年はオフも人がいることが多く、犬を放せなくなったが、以前はよくこの辺りで引き紐を放してやり、自由に遊ばせたものだ。その松のあるところから反対側の緩い斜面の芝生を上るとバス道路に出られ、帰り道となる。早太郎も生駒もシーズン中のコースより、こちらの方が気に入っているようだった。

そして、時間がたっぷりあるときは、お菓子をもってハイキングに出掛けることもあっ

た。先ず、車に乗せて人があまり来ないところまで行ってしまう。といっても3キロほど離れた希望湖や湿原で、歩いて行くこともあるくらいの近いところだ。夏前は特に水の中に入りたがるので湖や湿原へ行くことが多い。

車に乗せると、2匹共酔いぎみになる。飯山の町の獣医さんのところへ行くときは、片道12キロほどだが必ず酔う。妻も車に弱いので2匹と一緒に生あくびをする。私も時々自分で運転していて気持ちが悪くなることがあるので、これは遺伝に違いないということになった。早太郎は走行方向を見てないと駄目らしく、私達の席の間に正座している。生駒は妻のひざに乗って、窓から鼻面を出して風に当たる。これが我が家のドライブの型である。

ようやく目的地について、2匹を車から下ろし、引き紐をはずしてやると元気よく走りだして行く。2匹で追いかけごっこして遊ぶ。生駒はメスで体が小さく10キロ位、早太郎はオスで13キロ位。やはり駆けると生駒はかなわない。

そこで頭を使って内回り、内回りで上手に走る。それでも早太郎に追いつかれ、体当たりをされて転がされてばかりいる。体当たりをされるのは生駒ばかりではない。細い山道などを私達が歩いていると、わざと、どうみてもわざと私達の足に体をぶつけて通り過ぎるのである。傾斜した道だと転びそうになり、怒鳴りつけるのだが全くおかまいなし。何度でもぶつかってくる。楽しんでるふうだ。

池や川へ行くと早太郎は泳いだことはないが、おなかまで水に浸って遊ぶ。生駒は水深10センチ位までしか入らない。こわいらしい。やはり早太郎は妻の子で、生駒は私の子に違いない。私も水は苦手だ。泳げないからいう訳ではない。水は恐ろしいものだ。用心に越したことはない。生駒は本当に賢い子だと思う。

またこんなこともあった。湿原を流れる1メートルほどの巾の小川を早太郎は助走をつけて軽々と飛び越えてしまうが、生駒は飛び越えられない。川の手前で体を前後にゆらして、勢いをつけて飛ぼうとするが飛べない。どうしても飛べなくて、仕方なく一目散で遠くの橋を渡ってやってくる。

「おー、飛べなかったのか。かわいそう、かわいそう」

と言ってなでてやる。

そして、ひと遊びすると、生駒は動物のにおいを追ってうろつき始め、早太郎は私達両親の目を逃れて遠出を始める。生駒は目の届く所に必ずいるのだが、早太郎はとんでもない所まで行ってしまう。呼んでもなかなか帰って来ない。生駒は紙袋の音をさせると、お菓子をもらえると思ってすっ飛んでくる。

早太郎は、最初のうちは生駒をお菓子で釣って吠えさせると、どこからともなく帰って来たが、だんだんずるくなって遠くから様子を見るようになった。特にもうそろそろ帰ろうかと言って、引き紐をもって呼ぶとなかなかつかまらない。生駒はそれでもお菓子ほしさに簡単につながれるのだが、早太郎はコンピューターを作動させる。つながれてもお菓子を食べた方がいいか、お菓子は我慢して遊んでいた方がいいか、迷いに迷う。5メートル位まで近づいてきてまだ迷っている。でも大抵の場合、お菓子はいらないと結論づけることが多い。こいつは本当に犬なのだろうか。

目一杯遊んで帰ってくるともう2匹とも疲れ果てて、夕方のご飯までぐっすり寝てしまうのである。

生駒自慢

しつこい生駒

生駒と早太郎を連れて希望湖まで散歩に行った時のことである。ペンションから1キロほど歩いた所に、左側が小高い丘になっていて、石垣が積まれ、右側は里が見渡せる沢でやはり石垣で土留めされている所がある。

夏の少し前のことだったと思う。沢側のガードレールに手をかけて里を見渡していた生駒が突然、ガードレールの向こう側の細い石垣の部分をにおいをかぎながらせわしく動き始めたのである。何を夢中になっているのかと思っていたら、何やら生駒がこわごわ手を二度三度差し出しているのである。覗き込んで見ると、そこにでっかい青大将が横に長く伸びていた。

あわてて生駒を引っ張って道路に戻した。蛇は大小にかかわらず気味悪いし、ゴキブリと同じくらい嫌いなので、早々に立ち去ったのである。北海道犬はもともと狩猟犬で、かつては北海道で熊狩りに使われていたと聞いているので、動物を追う習性があるのかもしれないが、生駒は特に動物に興味を示すところがあった。ただ、狩猟本能とは多少趣を異にしているように思う。

というのは、生駒がモグラを追ったり、ウサギのにおいをかぎ回るしぐさをする時に、何故か常に尻っぽがゆれているのである。狩猟本能と見るのはやはり親の欲目かもしれない。

希望湖でしばらく遊んでから帰りにその場所に差しかかると、生駒がまた石垣のほうへ行きたがった。私も怖い物見たさで一緒に覗き込んでみたが、すでにあの青大将はいなかった。それでも、生駒はしつこくにおいをかぎ回っている。

「もう、どこかへ行ってしまったんだよ」

と生駒に言って引っ張るように帰って来た。

それ以来、その道を通ると、それが何日経っても、何年経ってもそうだったが、あの青大将がいたところに立ち寄り、彼をさがすのである。決して頭の良い娘ではなかったが、記憶力の抜群な、執念深い娘だった。

生駒の自慢の種

生駒が優秀な犬だったかどうかは別にして、この世の中に敵をもたないという点では、私たちが真似できない良い素質をもっていた。

モグラも、蛙も、スズメも、蛇も、ペンションを訪れるお客さんも、近所の悪ガキもみんな遊び友達だと思っていたに違いない。

お医者さんは決して好きだった訳ではないだろうが、それでも、てこずらせたことはなかった。

狂犬病の予防注射が毎年4月にあるが、生駒はたいてい平気でやらせた。

生駒はいつも先生にほめられた。お尻に注射をする時も、ポケッとしているうちに終わってしまう。

「いい娘だね」

と必ずなでてもらった。

ところが早太郎は嫌だと言って大騒ぎした。全く気難しい子で、誰に似てしまったのだろうか。私は母親の育て方に問題があったと思っているのだが。

生駒の自慢をしだしたらきりがないが、もうひとつ自慢の種がある。生駒のジャンプ力だ。体の倍以上ジャンプするのである。何のことはない。これには訳がある。二匹にお菓子をやろうとすると、早太郎は、大きいので、立ち上がって私の体に手をかけるだけで胸の近くまで頭がくるが、生駒は体が小さいので届かない。しかたなくジャンプして私の手のお菓子をねらうのである。

「公平にやらなかったことはないだろう」

と言うのだが、生駒は真剣にジャンプする。

斑尾の四季

斑尾の春は遅い。庭の雪が4月下旬から5月初旬まで残ることがあり、山間《やまあい》の雪は6月になっても消えないところがある。フキノトウが顔を出すころ、雪椿の赤い花が残雪の林のあちらこちらに咲き始める。

湿原では水芭蕉やリュウキンカが咲き、土手のツクシンボウやコゴミやウドナは食べ頃となる。ブナやカラマツの芽吹きが人の目に優しく映る頃、山全体が霞を帯びたような風景になって、一瞬、秋の風景と見間違えてしまいそうな色合いとなる。

野には、福寿草、イカリ草、カタクリ、ショウジョウバカマ、イワカガミ、エンレイ草、シラネアオイ、山スミレ、一輪草、二輪草が目白押しに咲き出し、山に目をやると、山桜、山スモモがあちらこちらに咲いているのが遠くから見える。5月中頃には、山菜の王様と言われるタラの芽や、山ウド、ゼンマイ、続いてワラビが採れるようになる。

そして、日差しが夏の近くなったことを知らせるころ、山には、コナシ、レンゲツツジ、谷ウツギが咲く。ウグイスは早々と鳴き始め、カッコウの声も聞かれるようになる。庭の隅に片付けた萱の雪囲いにキセキレイが巣を作り、卵を温める。私達が1年中で一番のんびりできる時期で、犬の散歩もゆっくりできる。夜はまだストーブをつける日もあるが、昼は暖かく、生駒達も好きな季節なのだ。

しかし、このころになると生駒達の嫌いなダニが発生し始める。人のいないところに連れて行って放してやると、大喜びして走り回るが、帰ってくると必ずダニが体についている。特に毛の短い顔や耳についているのである。散歩から帰ると必ず点検する。耳と目のふちが最も多い。

一度食いつかれるとなかなか取れない。食いついてすぐだと簡単に取れるのだが、1～2日後になると爪を立てて取ろうとしても毛ばかり抜けて、肝心のダニが取れない。やっと取れてもプクッと膨らんで、跡になってしまうのである。

6月になると、スズラン、ミツガシワ、アヤメが咲き、しだいに夏が近づいてくるのを肌で感じるようになる。そして、7月に入ると、2匹とも昼間は暑くて散歩をしたがらなくなる。散歩をしていても水ばかりを探して歩いているようで、しまいには、道の真ん中で座り込んでしまう。お兄ちゃんと交替で、もう帰りたいと言い出す。

「せっかく来たんだから、もう少し行こう」

と言って無理やり首を引っ張ると仕方なく、すごすごと後からついてくる。

「俺の散歩じゃないんだ。忙しいのにお前達のために散歩してるんだからな」と文句を言いながら、予定のコースを歩く。帰ってくると、水道のあるところへ直行し、おやつをもらって、後はぐっすり昼寝をしてしまう。

7月から9月にかけては、春に比べてずっと地味な花が咲く。山ボウシ、ガクアジサイ、キキョウ、ニッコウキスゲ、リンドウ、アザミ、月見草、ホタルブクロ、マツムシ草、ヤナギラン、そして少し遅れて、ヤマハハコ、ワレモコウ、萩、ススキなど。でも、ウグイスだけは、春の初めから夏の終わりまで鳴いているのである。意外であった。

夏のシーズンは、お客さんが沢山来て遊んでくれるので2匹とも好きな時期ではあるが、嫌いなこともある。お客さんが花火をやることだ。光ったり、大きな音をさせるのが多く、大抵の犬が嫌いだが、生駒も苦手だった。花火大会のような大きな打ち上げ花火などは、早太郎は、「ワン！　ワン！」と大きな声で怒ったように吠えるが、生駒は、いつも小屋の一番奥に丸くなって震えている。そして、雷もご他聞にもれず嫌いだ。特に山の雷は、窓ガラスが割れるのではないかと思われるほど大きな音がするので、生きた心地はしなかったろうと思う。

そして、8月の20日ごろになると、もう風が冷たく感じられるようになり、空の色まで秋を思わせるようになる。生駒は秋が好きだ。それは、涼しくなるだけが理由ではない。もうひとつ大好きな理由がある。それは、木の実がなる季節だからである。アケビ、山ボウシ、山ブドウが甘く熟すころは、散歩に行くと大騒ぎである。本当においしそうに食べる。私も一緒に食べることがあるが、早太郎は決して食べなかった。

斑尾に雪が降るのは例年10月下旬。妙高山の頂が白くなると1週間後には斑尾に雪が降る。それでも、降った雪が根雪になって、その上にさらに新しい雪が積もらないとスキーはできない。リフトが動くのは例年11月下旬である。

この10月から11月にかけてスキーシーズンの準備をする。雪囲いを作ったり、スキーの手入れをしたり。この時期は、高原全体が静かで、しかも、昼間は比較的暖かい日が多く、過ごしやすい時期である。

そして、雪が降り始めると、さすがに寒い日が多くなる。1月中ごろから2月中ごろが最も寒く、普段は、せいぜいマイナス5度位にしかならないが、冷え込むと時にはマイナス10度位まで下がることがある。そういう時は吹雪いていることが多い。少しぐらい寒いのは、何せ北海道犬だから何ともないが、さすがマイナス10度となると別らしい。2匹して、ドアや窓に手をかけて、入れてくれとせがむのである。
でも、そんな時以外は、雪が楽しいらしい。誰も踏んでいない雪原を、体を雪の中に半分近く埋めて走り回ったり、2匹で雪の中で取っ組み合ってじゃれたりして遊んだりもするのである。

生駒の好物

生駒の好物は沢山あった。朝食の後にもらうパン。散歩から帰った時にもらうお菓子。そして、バーベキューの残り物の焼きおにぎり、ジャガ芋。時々おすそ分けのミカン、桃、スイカ、ブドウ、イチゴなど、ほとんどの果物を食べた。特にイチゴは大好物だった。建物の横手に3坪ほどの畑があり、イチゴを栽培していた。

イチゴは多年草で、放っておいても毎年実をつけるので余り手がかからない。子づるを切って植えてやると、どんどん増える。古くなった株は捨てて、新しい株を育てる。隣近所のペンションに分けて回ったほど増えた。栽培は楽だったし、甘くて大きな実がなって良かったのだが、残念ながら、収穫時期が短かった。

本当においしいのは、7月初旬の10日間ほどで、後は数は多くなるが小さくなって、味も落ちていく。でも採れるときは、大粒のイチゴが、直径30センチのボールに山盛り一杯採れた。イチゴパーティーをやったほどだ。

イチゴは、私の大好物なので、収穫は私の担当だった。収穫が始まると、1日1回畑へ行く。ある時、ナメクジか何かにかじられたイチゴの実を、試しに生駒にやってみた。最初は、一度口に入れてから、ポイと吐き出し、地面に転がしてなめていた。やっぱり酸っぱくて食べられないかと思っていたら、いつの間にか無くなっていた。次の日も小さいのをやってみた。今度はパクッと食べた。それからは、私が畑へボールをもって行こうとすると、もう騒ぎ出した。

「キャン！　キャン！」

小さいイチゴをもって行ってやると、尻っぽをちぎれんばかりに揺らした。つい、おまけにもう一つやってしまう。

しかし、食いしん坊の早太郎が、果物だけはどれも食べなかった。食わず嫌いというか、好き嫌いが多いというか、気むづかしい奴だった。

生駒の色気

生駒が人間の娘でなくて良かったとつくづく思う。彼女は妙に色気があったからである。多分人間の娘だったら、私は心配で落ち着かなかったろうと思う。彼女が誰かをちらっと見る時、必ず正面を向いて見ないで、目を流すようにして見るのである。その色っぽさは、犬の視線とは思えないものがあった。

人が近づくと、なでてくれと言ってお尻を向け、

「もっと」

と言うときは、仰向けに寝てしまうのである。おなかをさすってやるとうれしそうに目を細め、手を休めると、

「もっと」

と言って人の手に前足をかけて催促する。意地悪して手を動かさないでいると、今度は自分の顔を手のひらにもぐらせておねだりする。甘ったれとお色気が入りまじって何ともかわいかった。

冬、吹雪いて恐がるので、仕方なくプライベートルームに入れると、ベッドの中にもぐ

りこんでくる。早太郎は大の恐がりで、部屋に入れてやる機会が多いかわりに、私のベッドには決してあがらせなかった。許してくれるのは、お母さんである妻のベッドだけである。早太郎は賢い奴で、決して私のベッドには乗ってこなかった。

しかし、たまに部屋に入る生駒はそういうルールを全く無視して、私のベッドの上で寝る。蹴飛ばしても、蹴飛ばしてもあがってくる。しまいには、はしゃいでベッドの中に入ってくる。生駒を部屋に入れると1時間は私は寝られない。なでろの遊べのと言って寝かしてくれないのである。

我慢強い生駒

生駒はとても我慢強い娘だった。風が吹いても、花火が鳴っても、もうとっくに早太郎は部屋にいるのに、生駒は小屋の一番奥で小さくなって我慢している。我慢できないことは本当にまれだった。

しかし、吹雪いたりして気温がマイナス10度位になると、さすがに生駒も入れてくれと言った。ただし、それが決まって夜中の2時から3時にかけてであった。我慢した揚げ句

のことらしい。

起きて行くのは決まって私だった。何せ父親は私だから。妻は生駒に関しては決して起きてくれなかった。私が必ず心配して起きると思って、たかをくっていたのである。生駒が入れてくれと言うときは、

「キャン」

と一声鳴く。それを間を置いて、いつまでも私が起きていくまで鳴いている。実は、私は子どものころ中耳炎をわずらい、普通の人より耳が遠いのであるが、生駒の声だけは妻より先に聞こえるのである。朝になって聞くと、生駒が鳴いたのを妻が知らなかったということがよくあった。私は何故か生駒の声だけはどんなにぐっすり寝ていても聞こえるのである。

ある日、夜中の2時に生駒が「キャン」と言った。そのうちに鳴き寝入りするだろうと思っていると、いつまでも「キャン」をやっている。しばらくして仕方なく起きていくと、食堂の窓の外の小屋の上にあがって、体を震わせている。窓を開けて、

「我慢しなさい」

と言って横っ面を叩いた。生駒は逃げずに目をつむって叩かれていた。大したことがな

い時は、これで鳴き寝入りすることが多いのだが、それでも鳴き続けるときはよほどの場合である。仕方なくまた起きていくと、窓の外で体に雪をいっぱいつけて震えていた。窓から抱きかかえて入れてやると私にしがみついてきた。

「かわいそう、かわいそう」

と言いながら部屋に入れてやると、そんなときはさすがに1時間近く小屋の上で鳴いていて疲れたのか、部屋の隅ですぐ丸くなって寝てしまった。そんな生駒が無性にいとおしかった。

名コンビ

クロカンコース10キロ走破

1983年3月、生駒と早太郎と妻と私で斑尾のクロスカントリーの最長コースに挑戦した。クロスカントリーのスキーは普通のゲレンデスキーの板と違い、細くて軽いのだが、エッジがなく、かかとが固定されていないので非常に扱いにくい。見た目には同じように見えるが、足につけてみると、全く別のもののように自由がきかない。

山スキーのようにエッジがあって、板の巾もあり、かかとが固定できると、いつものように何不自由なく操れるのだろうが。また、最近はやりのテレマークスキー用の板のように、せめてエッジだけでもついていると曲がりやすいように思うのだが。

　とにかく、初めはボーゲンもできないので真っすぐ行くしかない。止まりたかったら、倒れるしか方法がなかった。ただ、幸いなことに、かかとが浮いていて、靴も普通の靴のように柔らかいので、捻挫や骨折という怪我がほとんど無く、安心して転べるので楽しい。

　坂を登るときは、スキーを横にしなくても、真っすぐ上に向けたまま登行できるように、ソールにダイヤ型やうろこ型の滑り止めの細工が施されている。だから、クロスカントリーのコースを滑って、最後にスキー場のゲレンデを横切って帰って来るときなど、大勢でゲレンデを真っすぐ登って行くと、スキーヤーたちが変な目で見る。普通のスキー板では不可能なので、異様な光景なのである。何か優越感のようなものを感じながら登って行くのだった。

　さて、板を履いた我々は、登り坂はやはり全身運動になるので非常に疲れるが、平らな雪原は景色を見ながら余裕で滑れるし、下り坂は風を切って滑るので気分爽快、止まりたかったら転べばいい。楽なものだ。ところが、生駒達は大変だった。スキーやかんじきをつけているわけではないので、足がずぼずぼ雪にもぐってしまう。圧雪された道や浅い新雪を走るのと違い、3月の雪で、しかも湿原のように人があまり入らず、ましてや車も通らない所では思うように歩けない。走るなどとてもできない。

しかし、最初のうちは、生駒達も元気で、広い雪原を自由に遊び回り、体をもぐらせ、足を取られながらも夢中で走り回ってはしゃぐ。しかし、次第にばてて走れなくなり、しまいには、我々が滑って行くスキーの踏み跡を伝って歩いてくるようになる。

この10キロコースは、夏は道路として使い、冬は閉鎖される道が半分と、山の中や雪原が半分である。最初の1時間くらいの所でジュースを飲んでひと休みし、お菓子をみんなで分けて食べる。生駒達は喉が渇くとそのつど雪を食べている。また1時間ほど滑り、今度は昼食。

ワインをあけて、おにぎりをほおばる。生駒達にもおすそ分けしてやる。2匹ともアルコールをなめさせると必ずクシャミをするが、決していやがらない。ぺちゃぺちゃなめる。ビールでも、日本酒でも、ワインでも。この日は天気が良かったので、写真を撮ったりしてゆっくり休み、最後の登り坂に備えた。

最後の3キロくらいは2匹とも、もっぱら我々のスキーの跡を伝ってとぼとぼと歩いてきた。疲れ果てて帰って来た2匹は、さすがにあれこれ言わず、おとなしくぐっすり寝てしまった。

トイレ

初めての雪のときは、恐る恐る雪の上を歩いていた2匹も、次第に慣れてくると、雪をラッセルしながら歩いたり、体がすっぽり埋まったまま2匹でじゃれあったりして雪を喜ぶようになった。だから、どんなに吹雪いていても散歩だけは欠かさなかった。

散歩には、いわゆる散歩の部分と用を足す必要とがあり、私達がどんなに忙しくてもスケジュールに必ず散歩の時間をとった。忙しいときは30分、そうでないときは1時間以上であった。毎年初雪が積もった時などは、トイレをする場所を決めるのにとまどうようだった。何しろ昨日まで緑の草原だった所が真っ白になってしまうわけで、どこだったっけという具合らしい。

ちょっとここで失礼して、2匹のトイレについてもう少し触れておきたい。早太郎は、草がこんもり生えていたり、土が盛り上がっている所でしたがる。生駒は、くぼんだ所を探して用を足すのである。そして、早太郎は場所選びに多少時間がかかるが、案外さっさと済ませる方である。

それに引き換え、生駒は困った娘だった。場所がほぼ決まると、直径50センチ位の所を行ったり来たりする。それが2回や3回ではなくて、10回も15回もやるのである。吹雪いているときなどはたまったものではない。早太郎と並んで吹雪いてくる方向に背を向けて、じっと済むのを待っているのである。

でもこの時に、「早く!」とでも言おうものなら、気を悪くして、プイとやめてしまう。ひたすら待っていると、運悪く風に乗ってスキー場のアナウンスが流れてくる。生駒は、「アレ!」とでも言うような顔をして動きを止める。そうすると今まで何をしようとしていたのか、すっかり忘れてしまって、すたすたと歩きだすのである。

「アーアッ」と言って、早太郎と後からついて行くと、また立ち止まって行ったり来たりを始める。早太郎と顔を見合わせて、仕方なく立ち止まる。しばらくしてようやく済ますと、いきなり生駒がお兄ちゃんの首にかみついてじゃれつく。早太郎が付き合って遊んでやるといつまでも飛びかかってゆく。しまいには、早太郎に「ウー!」と言ってうるさがられるのである。

ついでにもう一つ、生駒のことで困ったことがあった。いつもお兄ちゃんと一緒に散歩をするせいか、おしっこをする時にお兄ちゃんの真似をするのである。例のオスが後ろ足を上げてやる恰好である。それほど立派にやるわけではないが、軽く足を持ち上げるのである。

「女の子のくせに、みっともない」

と何度も注意したのだが、とうとう最後までその癖は直らなかった。一度女性のお客さんと散歩に出て、それを見られてしまい、父親として恥ずかしい思いをした記憶がある。

見ているとあきない生駒と早太郎

生まれて1〜2カ月のころ、庭で2匹を遊ばせながら冬の準備をしていると、いつの間にか2匹とも遊び疲れて刈り取った萱の上で寝てしまう。生駒のおなかの上に必ず早太郎の足が乗っているのである。それがいつもそうなのである。早《はや》も早だが、生駒もよく文句を言わずに乗せさせていると思ったものだ。

犬は皆、同じ恰好やしぐさをするものだが、他の動物をテレビなどで見て、

「へー、あの動物もあんな格好をするんだ」

と変に感心することがある。

伏せのポーズをする時、前足の先の部分を裏返して折って、リラックスする。関節の緊張をほぐす意味でもあるのだろうか。丸くなって最初から寝てしまうことも多いが、最初、伏せのポーズで目をつむり、次第に眠くなって、こっくりこっくり舟をこぎ始める。そのうちにたまらなくなって前足にあごを乗せて寝てしまう。暖かい時には、いつの間にか両手足を投げ出してごろんとひっくりかえって寝ている。幸せの極致のようだ。

早太郎はよく小屋の上に乗って寝る。その為に、早太郎の小屋は必ず屋根の上で寝られるように平らに作ってやった。高さ90センチ位の屋根だが、短い鎖の範囲内で上手に助走をつけて飛び乗る。小屋の上に乗って道路を行く人を見物したり昼寝をするのが、早太郎の得意技である。

生駒は怖がり屋さんで飛び乗れないので、太い丸太の輪切りにした踏み台をおいて登れるようにしたが、屋根にいることは比較的少なかった。もっぱら、小屋の前にある唐松の木の切り株の根元にあごを乗せ、寝ていることが多かった。時々起きあがっては、正座したまま、首を空に向けてつき出すようにして伸ばしたり、体全体で両手足をついたまま、前に後ろに交互に伸びをする。あくびは、眠いときにやるのは人間も同じだが、よく車で

酔う人がやる生あくびも同じように生駒達もやる。

　一つだけわからないあくびがあった。これは生駒だけのしぐさなのだが、例えば、散歩の時間が近づいてきたとする。例によって生駒独特の足踏みが始まる。正座して前足で足踏みをして、その時にあくびもするのである。待ち切れないという意思表示なのだろうか。また、散歩のときなど、「さあ、行こう」と言って引き紐をつけたときに、早太郎の引き紐の首輪の近くを咬んで振り回したりする。また更に、生駒がお兄ちゃんに遊んでくれとせがむときには、早太郎の首や後足にかみついてじゃれたり、早太郎の耳をなめて、お世辞を使ったりする。

いたずら娘

若いころは、早太郎は暴れん坊で色々なものを壊したが、生駒も結構いたずら娘だった。お客さんがスキーの手袋や帽子を使って、生駒がじゃれるのを面白がっていると、親の欲目か、なかなか敏捷な所があって、手袋や帽子を素早く取ってしまうのである。

お客さんがおろおろしているうちに、生駒め、口にくわえて振り回したり、前足を使って引きちぎったり、見る見るうちに使い物にならなくしてしまうのである。お客さんは、自分がうかつだったからと言ってくれるのだが、父親としてはそうもいかず、私の帽子やら忘れ物の手袋などで間に合わせてもらったりした。

それからある時は、お客さんが帰って1カ月以上たって分かったことなのだが、スキーストックのリングをかじって、ぼろぼろにしてしまったことがあった。この人はオープン当初から来ている人だったので黙って帰ってしまったのだが、悪いことをしてしまった。

2匹とも、興味があるとあらゆる手段と根気で目的を達成するのである。何しろ、暇を持て余しているわけだから、うっかりできない。おとなしくしているなと思ったときがあ

ぶない。ワンとかキャンとか言ってるときはまだいいが、何か夢中でやってるときは実に静かなのである。

また、これはいたずらとはいえないが、10歳位になってからだと思う。吹雪いて、雪が小屋の中に吹き込んでくるとやはり怖いらしい。家の中に入りたい一心で、小屋のそばの萱《かや》で作った雪囲いの下を破ってしまったのである。この雪囲いは、オープン当初から、私が毎年作っているもので、地元の人に作り方を教わった。10月中旬に萱を刈り、十分に乾燥させてから葉を落とし使うのだが、大抵の人が知っているススキやヨシとは違う。最近は良い萱が少なくなり、探すのもひと苦労だが、相当量を使うので集めるのも大変だ。

こうして苦労して作った雪囲いを破ったのだから、思いきり叱った。事態は朝になって分かったのだが、私はショックで生駒をひっぱたいた。生駒は例により目をつむって叩かれた。

しかし、何度か叩いているうちにかわいそうになった。前日の夜は、早太郎は既に家の中に入っていた。こんなことをするのは、よほど恐かったからだろうと思うと早く気がついてやらなかったお父さんが悪かったと思い、叩いたその手で、

「かわいそう、かわいそう」

と言って生駒をなでてやった。

ドジ

これは生駒だけを責めるのはかわいそうで、早太郎にも共同責任があるのだが、ある時、2匹の目の前で物が盗まれたのである。実はペンションを始めて7～8年目だったと思うが、手作りの燻製を作り出したのである。要するに、うまい酒の肴がほしくて始めたのだ

が、見よう見まねにしてはよく出来るのである。

この時は、ニジマスのスモークに挑戦していたときのことだった。スモークは、保存と香りをつけるのが目的で、予め、塩とスパイスで作った溶液に漬け込み、そして、水分を抜くために風にさらす。涼しくて、風通しのよいところにつるして、皮に少しシワがよる位まで乾燥してから、木屑をいぶしてスモークするわけである。この風乾に3〜4日かかるのだが、ある朝見ると、10匹つるしておいたニジマスが1匹減っているではないか。つるすために取り付けてあった針金だけが残っていたのである。

さては昨日、庭をうろついていた、あの白黒の猫の仕業だなと思ったが、そのつるしてある所は、どうしても早太郎と生駒のそばを通らないと行けない所なのである。いくら夜中の仕事とはいえ、ぐっすり寝ていて目の前を猫が横切り、ニジマスをくわえて立ち去るのに気が付かなかったとは何たることだ。それでも北海道犬かと翌朝きつく叱ったのだが、2匹とも何で怒られているのか全くわからないという顔をしていた。

またある時は、生駒が足をけいれんさせて小屋のそばに横になっているのに気がついた。どうしたんだろうと、青くなって生駒を抱いて家の中に運び、妻と二人でよく生駒を見たが全くわからない。テンカンのような病気ではないかと思い、お医者さんに連れて行こうか迷っているうちに、ひょいと起きあがったのである。少し足元がおぼつかない気もしたが、少し様子を見ていると普通になってしまった。

それまでにこのような経験がなかったので、思い当たることがなく、何日かが過ぎた。ある日、生駒が小屋から飛び降りようとして、鎖が小屋の角にひっかかり、おっこちそうになったのを目撃したのである。多分このパターンで運悪くもんどり打っておっこちたんだろうと推測した。

これは、やはりお父さんが雑な工事をしたための事故で、責任はお父さんにあるということになった。でも生駒に大したことがなくて本当によかったと胸をなでおろしたものである。

名役者

夏は、建物から20メートルほど離れた林の中に小屋を置いているのだが、冬は雪が多く、小屋が雪に埋まってしまうので、食堂の窓際に左右に並べて二つの小屋を置いている。夕食のテーブルセットを5時頃に始めて、6時に食事が始まるのだが、私がテーブルセットをしている間中、生駒は小屋の上にあがって、じーっとこちらを見ている。食事が始まるときには、カーテンを閉めてしまうのだが、犬の好きなお客さんがカーテンを開けて、小屋の中でおとなしくしている生駒をわざと起こしてしまうのである。

さあ大変だ。小屋の上に登り、窓越しに尻っぽを左右に大きく、そして激しく揺らしながら、何かを期待してかまってくれる人をじっと見ている。お客さんが何もしてくれないと、

「キャン！」

と言って足踏みをしだす。そして、しまいには窓に手をかけて何かちょうだいと催促する。しつけが悪いと言われても仕方がない。

でもお客さんも悪いのだと、こんなときはいかにも恐そうな顔をして叱るが、本気で怒ったりしない。生駒もそれは見透かしている。ましてや、お客さんが少しでも甘い顔をすると、調子に乗っておねだりを繰り返す。

あまり度が過ぎると外へ出て行って、お客さんに見えるように横っ面をひっぱたく。父親は本当に厳しく育てているんですよと見せるために。生駒もなかなかの役者だ。顔を突き出して、いや首輪を引っ張るので自然そういう恰好になるのだろうが、いずれにしても

観念したように目をつぶって叩かれるのである。それを見ているお客さんから、

「わー、かわいそう」

という声が必ず起きる。

父親の威厳を保つと同時に、生駒への同情が生まれ一石二鳥。私と生駒は名コンビなのである。

家族写真

孝行娘

おねだりや、せがんでばかりの生駒だが、仕事の邪魔だけはしなかった。外仕事をしようと作業着に着替えて庭に出ると、じっとこちらを見ている。もちろん尻っぽは常に揺れているのだが。でも作業を始めると、かまってくれないと悟っておとなしくしている。花の手入れをしたり、芝生を刈ったりしていると大抵は寝てしまう。

「人が仕事をしているのに気持ち良さそうに寝るなよ」

と文句を言いながらも、寝顔を見ながら、のどかに作業をする。勿論、お茶タイムにはしっかりと起きあがって、私にもお菓子をちょうだいとおねだりをすることは忘れない。

普段ぷらっと庭にでると大騒ぎする生駒なのに、外出着で玄関を出て行くと黙ってじっと見ている。妻と二人で出掛けようものなら、もうあきらめ顔。今日は帰りは遅いよと早太郎と話し合っているに違いない。確実に帰りが夜遅くなるときは、朝出掛ける前に散歩に行くので、もうそのときに察知するようだ。

話は変わるが、生駒は人には一度も怒ったことがない。早太郎は、私がひっぱたくと自分が悪いことをしたのに怒り出す。

「ウー！」

と言って私を脅かすのである。早太郎は、お母さんが甘やかしたから、わがままに育ってしまった。早太郎の顔や体をなでてやると気持ち良さそうに体や顔をすりよせて喜ぶが、いつまでもやっていると、もういいと言って、こともあろうに、

「ウー！」

と言う。全く困った息子だ。

その点生駒は違う。体にふれているだけで喜ぶ。もういいとは一度も言ったことがない。

なでるのはどこでもいい。頭でも、背中でも、おなかでも。よく犬は尻っぽをさわられるといやがるというが、生駒は子どもが尻っぽをつかむことがあるが、それでも怒らない。父親に似て本当に気立てのよい娘だ。

昔、子犬のときは、早太郎は男で体が大きいからお父さん、生駒はお母さんが抱いて写真を撮ることが多かったが、いつからか逆転した。きっかけも理由も定かではないが、生駒の引き紐はいつも私が持って写真に納まっている。みんなで散歩に行くときも生駒は私と一緒に歩く。歩きながら話しかけると、早太郎は特に関心がないと振り向きもしないが、生駒は律儀に振り返る。労を惜しまない娘だった。

時々、私が2匹を連れて散歩に出ると途中で、

「ちょっと寄っていかないか?」

と誘われることがある。これは、

「ちょっと飲んでいかないか?」

という意味で、私も好きなほうなので、つい寄り道をしてしまう。この人は、地元の人で、ある保養所で管理人をしており、65歳位。私がこの地にきて以来、色々なことを教えてもらい、また、生涯唯一の私が甘えられる人である。日が落ちてもまだ飲んでいると、

妻が迎えにくる。私をではなく2匹を迎えにくるのである。

「おなかがすいたでしょう」

と言って連れて帰ってくれるが、勿論あとで叱られる。でも、2匹をガラス戸の外の鉄柵に繋いで飲んでいるのだが、何故かいつもおとなしく待っていてくれる。

親孝行はそれだけではない。物持ちのよい娘でもあった。早太郎は体が大きく、乱暴なので小屋を2回も作り直したが、生駒は1回しか作り直さなかった。私は自慢できるほど器用ではないが、そのわりに凝り性なのである。

犬小屋ひとつ作るのに、構想を練って、設計して、材料を買ってきて作り始めるまでに1カ月や2カ月かかるのである。骨組みを角材で作り、コンパネを張り、その上に背板を打ち付けて、ログキャビン風に作る。背板は丸太を角材にするときにでる樹皮がついた半端板のことで、この地方では植木類の雪囲いなどに使う。いわば、耐雪、耐寒、の二重構造なのである。

生駒は、早太郎と違い、雨や雪で傷んだ以外は、自分で壊したということはなかった。また、首輪や引き紐もほとんど傷まなかった。早太郎のが駄目になったついでに買い替えることが多かった。自分の家の経済状態を知っていたのかもしれない。

家族写真

ぶ〜わんは、ちょっと変わったペンションだった。お金は欲しいけど、そのために気に入らないことはしたくない。だから、自慢じゃないけど貧乏である。旅行業者と契約すれば収入が増えるのは分かっていても、やり方が嫌いなので付き合っていない。だから、自分でお客さんにアプローチしなければいけなくなる。

オープン当初は、宣伝活動を色々やったが、最近は雑誌に僅かな広告を出す程度しかやっていない。お金が無いということは、何でも自分でやらなければいけないに等しい。萱の雪囲いを作ったのをはじめ、看板類もすべて自分で作った。広い庭を芝生にしたときも、芝を買うと金額が張るので種を蒔いた。そして、宣伝用の写真も自分で撮った。季節毎に色々な写真をスライドで撮りだめしておいて使った。この写真の中で一番苦労したのが家族写真である。

難しい理由は二つある。一つは、言うとおりポーズをとらない犬相手だということ。二つ目は、私が被写体に入るので、第三者に頼まなければいけないことである。大抵は、仕事を手伝ってくれる居候がいるときに撮る。構図やカメラの位置などは、予め私がセットしておいて、シャッターだけ居候に頼むのだが、これが一仕事である。生駒や早太郎の名前を呼んだり、帽子を振ったり、口笛を吹いたり、あらゆることをしてカメラのほうを向かせるのである。

せっかく犬のほうがちゃんとしているのに私が目をつむっていたりして、フィルム2本くらい撮っても、使えるのは4～5枚程度。絞りなどの失敗で全部だめということもたまにあった。

天気の良い日はみんな遊びたい。遊びたいのを無理を言って付き合ってもらう。

妻も居候も渋々なのは分かっていても、条件の良いときに撮っておかないと、チャンスを失ってしまう。つらいところである。

そして、撮り始めても、2匹が次第に飽きてきて寝てしまったり、キョロキョロして、長引くと益々やりにくくなる。公開される家族写真は、皆いい顔をしてにこにこしているが、汗と苦労の結晶なのである。

SUPERMAN

うれしょん

私達夫婦は二人とも横浜出身で、親兄弟が皆、横浜にいるので、年に2回位は泊まりがけで出掛ける。大抵は3泊程度だが、生駒達にとっては大変なショックらしい。

食事と散歩は隣のペンションのオーナーに頼んで行くのだが、どうも調子が狂うらしい。早太郎は、留守の間1回もウンチをしないというのである。それにひきかえ、生駒は、我慢しないで小屋の近くでもどこでもしてしまう。普通、犬は自分の小屋の近くではしたがらないと聞いているが、その点生駒は無頓着だった。

「おまえ、どういう神経してるんだ?」

と言うのだが、知らん顔をしている。

出掛けるのは大抵朝なので、早朝に異例の散歩をする。もうこの時点で2匹とも普通ではないと感じるらしい。しぐさがよそよそしくなり、あまりじゃれない。用を済ますという感じで散歩が終わる。

支度をして、

「じゃ、行ってくるね」

と2匹をなでて車に乗る。その間、2匹ともじっとこちらを見ているだけで何も言わない。車が走りだすと目で追っているのが見える。

「あー、行っちゃった」

と思っているのだろう。

そして、3日ほどして帰ってくると、100メートル位手前でもう分かるらしい。音を聞き分けると言っても、同じ車種の車が通ると同じように目で追うらしいが、その音が聞こえると、「あ！　帰ってきた」と思うらしい。庭の入り口に止める間もなく、2匹で大騒ぎする。

「ワン、ワン、ワン、ワン」

何はともあれ飛んで行って、

「ごめん、ごめん」

と言いながら2匹をなでてやると、生駒が興奮して私の袖を咬んで離さない。大抵こんなときにおしっこを漏らす。いわゆるうれしょんである。これは生駒しかしない。感受性が豊かなのだろうがかわいさがなおさらである。

荷物をおろして早速散歩に出掛ける。大抵横浜から帰ってくるのは夜遅くなるのだが、12時でも1時でも帰ってくるとすぐ散歩に連れて行ってやる。散歩の間中、あやまりっぱなしである。

お友達

生駒の友達は多い。お隣のセントバーナードのクッキーや少し離れたペンションで飼われていた柴犬のケン、それに時々草むらから飛び出す蛙、土手の穴から顔を出すモグラなどなど。生駒が嫌いな奴はまずいない。

うるさがられて早太郎に「ウー！」と言われたり、早太郎と他の犬が喧嘩して、とばっちりで咬み付かれたり、また、犬との付き合い方を知らない一部の子どもに石を投げられたり、棒でつつかれたりしていじめられても、決して怨むことはなかった。

子犬の頃のことである。お兄ちゃんの次に仲のよかったのが隣のペンションのセントバーナード犬クッキーだった。ほとんど同じ頃に生まれ、同じ頃から飼われたので兄妹のように遊んだ。小さい頃は取っ組み合ったり、咬み付いたりしながらじゃれ合っていたが、すぐに体の大きさが違って、生駒が遊んでもらうという恰好になった。クッキーは7〜8カ月すると見違えるように大きくなり、首に咬み付こうとしても届かなくなり、ジャンプして所かまわず、口のまわりや耳や首に咬み付いていた。

犬は1年もすれば成犬になるが、遊び方はまだまだ子どもっぽい。生駒が耳や首にジャンプして咬み付くと、クッキーは軽くあしらっているのだが、何しろ体力が違う。ちょっと首を振ったり、手をかけたりしたら、たまったものではない。小さい生駒がもんどり打って地面にたたきつけられる。

「キャン！」

と鳴くので大丈夫かなと見ていると、また起き上がって飛びついていく。本当によく遊んだ。クッキーが時々鎖をちぎって脱走をすると必ず生駒のところへ来て遊んでいる。早太郎は男同士なので一線を画しているところがあった。

ある時、お隣の人達と犬のそばで立ち話をしていたときのことである。例によってじゃれ合って、あんまり生駒がしつこいので、

「もうやめなさい」

と言う間もなく、クッキーが生駒の首をすっぽり口の中に入れてしまったのである。同

時に生駒がクッキーの口の中で、

「キャン！」

と言った。

そばにいた我々は、

「アッ！」

と声を飲んだ。

次の瞬間、生駒の首がクッキーの口から、文字通り顔を出した。恐る恐る生駒の首を見たが何ともなかった。顔にも異常はなかった。生駒も何が起きたのか分からなかったとみえ、キョトンとした顔をしていた。

ところで、いつからか妻が野鳥の餌付けを始めた。特に野鳥たちにとって餌の調達が難しい冬の時期だけ、唐松の木に餌台を取り付けた。思いつくのは妻。工作と取り付け工事はいつも私の担当。その頃から色々な鳥が庭にやって来るようになった。カラスのように招かれざる客も来ることがあるが、妻は、

「あれも野鳥よ」

と言っていやな顔をしなかった。

しかし、大きな鳥が来ると、やはり体の小さい鳥は近づけないようであった。

ある時、ヒヨドリのためにリンゴを唐松の木の途中の枝が折れているところに刺しておいたら毎日来るようになった。餌台にパンくずをおいたら、ムクドリ、ツグミが寄って来た。そして、スズメ達も。この他、シジュウカラ、ホオジロも庭にやって来た。そして、春、雪解けの頃には、キセキレイが雪囲いの萱の中に巣を作って卵を抱く。その頃は、キセキレイやムクドリが、庭の芝生に嘴を差し入れて虫類を食べる。

そんな庭で、いつの間にか生駒に大勢の友達ができた。生駒は体が小さいせいもあるが、早太郎に比べて食が細く、量を控えめにしてご飯をやるのだが、必ず少し残す。

「残すくせはよくないよ」

と叱るのだが、習慣になってしまったらしい。量を減らしてもまた残すのである。生駒が食べ終わって、小屋でひと休みしていると、どこからかスズメ達が5羽も10羽も寄って来る。しまいには、生駒が食べ始めると、もうスズメ達が何羽も遠巻きに食べ終わるのを待っているようになった。

そして食べ終わるとすぐにスズメ達が寄ってきて、食べ残したご飯を一粒ずつ食べたり、口にくわえて飛んで行ったりする。

生駒はその様をすぐそばでじっと見ているのである。全くあきれるほど楽しい娘だ。

悲しい恋

少し離れたペンションで飼われていた柴犬のケンは、いつも長い紐につながれ、私が近づくと、うれしそうに尻っぽを振った。時々紐を外して、ぶ〜わんに遊びに来ることがあったが、彼の目的は生駒だった。何しろ親の口から言うのもなんだが、生駒はまれにみる気立てのよい娘で、しかもそんじょそこらを探しても、めったにお目にかかれない美犬だった。その生駒がどうしたわけか、世間知らずというか、まんざらでもない風だったのである。私は気に入らなかった。普段のケンはかわいくて、好きだった。よくなでてやったものだ。

しかし、生駒の相手となると、そうは簡単に認めるわけにはいかなかった。よく見ると毛並みはあまり良くないし、ハンサムでもない。生駒とは不似合いだった。しかし、生駒が何かの拍子に鎖が外れていなくなると、決まってケンの所へ遊びに行っていた。私は気に入らなかった。よく生駒を叱ったものだ。

「あんな奴のどこがいいんだ。そのうちにいい奴を見つけてやるから、あいつとは付き合うな」

生駒を連れ戻す時は、いつもそう言い聞かせた。その後も何度かケンが遊びに来ることがあって、とうとう私は怒った。ホウキを振り上げ、追い返した。ケンはすごすご帰って行った。生駒は黙って見送っていた。そんなことが何度かあって、ある時意外なことに気が付いた。ケンが遊びに来ると、生駒が鼻にしわを寄せて怒っているのである。そうするとケンは寂しそうに帰って行った。でも、不思議なことに、生駒の鎖が外れると、やはりケンの所に一度は顔を出すのである。私は言ってやった。

「あんなに嫌っているくせに、どうして会いに行くんだ」

でも、それからは生駒が特定の犬にあまり興味を示さなくなった。

生駒に子どもを産ませてやれなかったのは私の責任である。

病気とクスリ

生駒はあまり病気をしない娘だった。早太郎は小さい頃、屋根から落ちてきた雪が背中を直撃して、それが原因かどうか分からないが、少し背が丸くなっている。そして狼爪という余分な爪が後ろ足についており、何かと心配の種を持っていた。その上、風が恐い、雪が恐いと言うようになり、手のかかる子だった。それにひきかえ、生駒は手のかからない娘だった。体型も良く、毛づやも良くて、いかにも健康そうだった。それが10歳頃から、次第に獣医さんの世話になることが多くなってきた。

早太郎は、目を充血させて、涙がやたら出たりした。生駒は耳垂れが出た。異常に気が付くと、まず妻が診察し、犬の病気の本を片っ端から読んで該当する病気を探し、わからない時は獣医さんに電話で聞いて、初期手当をする。早太郎の目をホウサン水を含ませた綿で拭いてやろうとしたら、歯を剥き出して怒り、長い時間かけて、なだめながらやっと手当をしたこともある。獣医さんに連れて行ったって、到底治療させるとは思えず、根気よくやった。

「頼むから拭かせて!」

と何でこちらがお願いしなければならないんだと思いつつ、毎度毎度大変だった。

生駒の耳の治療は、獣医さんから薬をもらってきて、一応2人がかりでやったが、生駒はあまりいやがらないのでやりやすい。少なくとも歯を剥き出して怒ることはなかった。

錠剤などは簡単だった。パンにはさむことも、お菓子と一緒にやることも必要なかった。目の前に、「ハイ！」と差し出すだけでポリポリ食べてしまう。錠剤をお菓子だと思うのだろうか。楽な娘だった。

お兄ちゃんはそう簡単にはいかなかった。裸の錠剤など絶対に飲まなかった。パンにはさんでもだめだった。先ず、薬の入っていないパンを生駒にやる。信用させて、今度は薬の入ったパンを早太郎にやると、おずおずと口に入れる。ここまではいつも成功するのだが、でもいつものようにはすぐに飲み込まない。だめかなと思って見ていると、案の定ポロッと錠剤だけを外に出す。なかなか成功しなかった。

ところが、冬のある日、生駒がいつも食べている錠剤を口から出してしまったのである。その5日ほど前から、ご飯をほとんど食べないで残す日が続いていた。どうしたんだろうと思ったが、食欲がない以外症状がない。散歩も普段と同じように行っている。

「生駒！　食べなきゃだめじゃないか」

と散歩をしながら、いつもの調子で叱った。生駒は、ちょっと私の顔を振り返って見るが、また前を見ていつもと同じように、お兄ちゃんと並んで歩いていた。

そして、2月26日の朝、いつもと同じように食堂の窓を開け、パンを生駒に差し出すと、一度くわえたパンをポトッと落としたのである。食べたくないらしい。おかしいと思った。生駒がパンを食べないなんて、いくら何でもおかしい。

部屋に入れて、色々様子を見たが全くわからない。

妻にもわからなかった。好きなお菓子をやっても食べ残した。

生駒の死

とうとう獣医さんに電話して、結局来て診てもらうことにした。普段は、車で飯山の街の病院まで連れて行くのだが、お客さんが多く忙しい日だったので、お願いして来てもらうことに

した。いつもと違うのは、水を沢山飲むことだった。

先生が来たときは、まださほど重病という様子はなかったが、でも大分だるそうだったことは確かだった。食が急に細くなって4日ほど経つこと、水を異常に飲むことなどを説明し、診察してもらった。

先生は、

「多分、腎臓病だと思います」

と言って注射を4本も打ってくれた。その時、先生は、

「難しい病気なんですよ」

とは言ったが、聞くほうがそれほど重大に受け取っていなかった。ところが、先生が帰ってから次第につらそうになり、歩かなくなっていった。ここ数日ほとんど食べてないのだから仕方ないが、起き上がったり、寝返りを打ったりするのもしんどそうになった。トイレをさせるために外に抱いて連れていっても、ほとんど歩かず、立ったまま、しかも尿毒症のためか、おしっこもあまりでなくなっていた。あくる日、先生にもう一度電話をした。

「先生は難しい病気だと言っていましたが、どういう意味なんですか」

と詰問したが、先生は、口をにごしてはっきりと答えてくれなかった。

「もう打つ手がない。だめだということなのですか」

仕方なく、私の方から更に聞くと、先生は小さい声で答えた。

「まあ、そういうことです」

「迷惑でなかったら、もう一度だけ来てもらえませんか」

私はお願いした。でもその時は、まだもしかしたらという、一縷の望みをもっていた。

生駒は健康な娘だった。まさかそんな簡単に死んでたまるかという気がしていた。そして、先生がまた来てくれて、何本も注射を打ってくれた。先生が帰ってしばらくして、驚いたことに、生駒が部屋から歩いて出てきたのである。

「え！　歩けるようになったの？」

半信半疑でいると、今度は一人でベッドの上に乗って寝ていたのである。

「自分で上がったの？」

と生駒をなでてやった。生駒は、ほとんどいつもと同じ顔をして、私にもっとなでてくれと、前足を私の手にかけてきた。

「がんばるんだぞ！」

この日は、何とか小康状態を保った。

あくる28日朝、生駒の様子は昨日と変わらなかったが、さすがにやつれていた。ミルクを少ししか飲まず、先生にもらった薬の錠剤も、お菓子に包んでやってみたが、口から出してしまった。仕方なく、錠剤を粉状に砕いて水に溶き、スポイトで口に入れてやったが、ほとんど飲まなかった。

夜になって、生駒の容体は更に悪くなり、寝返りもつらそうで、痛々しかった。やっぱり、先生の言ったことは本当だったのかと思い、その夜は、妻と交替で見守ることにした。生駒は寝ないで、ずっと目を開けていた。寝そべって、あごだけ前足の上に乗せ、病気と闘っていた。

そして、3月1日の朝が来た。水も薬も全く受けつけなくなってしまった。妻は、恐いのか何も話さなかった。

しばらくして、妻が、

「生駒と写真を撮ってほしい」

と言い出したのと、私が、

「もう先生に来てもらうのはよそう」

と言ったのとどちらが先だったか思い出せないが、ほとんど同時に、生駒の死を覚悟したのである。

その日は、ほとんど生駒につきっきりで、一緒に写真を撮ったり、なでてやったりして、時を過ごした。

1990年3月1日、午後10時30分、生駒は、私達2人の手に包まれたまま、静かに息を引き取った。

追悼

夫婦のカスガイ

北海道犬の「生駒」との出会いは14年を経過した今でも、はっきりと覚えている。ダンボールに入れられて来た生駒は、まっ白なぬいぐるみのような犬だった。まっ黒な瞳が、なんともいえずかわいらしく、見た瞬間に、もう手放せなくなっていた。熊の子のような早太郎とは好対照で、ありとあらゆる理由をつけて、主人に飼う事を承諾させたような覚えがある。早太郎だけ飼うつもりでいたのだから、生駒はおまけの子。ついでに飼ったといってもいいのだが、その生駒が、これ程、皆にかわいがられ、愛されて、私達に沢山の思い出を与えてくれるとは思ってもいなかった。

生駒は学習能力は早太郎に劣るが、性格は天下一品の良さだった。こんなに気立ての良い犬がいるのかと思う程、良い子だった。だから誰からも愛されたのだろう。そして誰よりも生駒を愛したのは、主人だった。その溺愛ぶりは、女房の私が本気でヤキモチを焼きたくなる程であった。

気が強くて、わがままな私にほとほと手を焼いていた主人にとっては、いつも従順で、色気もあって、素直な生駒は理想的な女性であったのだろうか。生駒のお父さんは主人で、早太郎のお母さんは私、という役割分担が、いつ確立したのかははっきりしないが、いつも性格の良いのは主人似。性格の悪いのは私に似ていると決まっていた。

早太郎のわがままも私の育て方がいけないのだと言われた。それなら、生駒の気立ての良さはどうなるのだろうか。それは生まれつきの性格が良くて、しかも父親似だと言われてしまう。私は2匹とも、同じように育てたし、同じように躾けたつもりである。だから私に責任はないと思っているのだが。

主人が生駒を溺愛する分、私は早太郎を溺愛したのかもしれない。動物も異性になつくので、オスは女性の飼育係、メスは男性の飼育係の方が結果がいいという話を動物園の飼育係の人がしていたのを読んだことがあるので、早太郎と生駒も当然の結果だったのかもしれない。

こうやって書くと、私は生駒をかわいがっていなかったみたいだけど、そんな事は勿論ない。オープンしたばかりの頃は、馴れない土地と、馴れないペンションの仕事に、それなりの苦労もあった。雪が降って、スキーのできる場所に永住したいと願って、斑尾に住んではみたけど、やっぱり大変なことも沢山あったし、淋しい時も沢山あった。仕事の事で主人と言い争いをする事もたびたびあった。

そんな時に、私をなぐさめてくれたのは生駒であり、早太郎である。どんなに大ゲンカをしても、斑尾では、さっさと家を出ていくわけにもいかず、バスも飯山線も本数が少ないので、時刻表を調べているうちに、ばかばかしくなり、結局は生駒と早太郎の散歩に出かけるのが、唯一のうっぷん晴らしであった。2匹を連れて散歩に行き、いつもより遠くまで行って、景色を眺めたりしながら、2匹を相手にグチを言い、そして、

「お前達を置いて、お母さんだけ横浜になんて帰れないよね。もう少しがんばってみようか」

という結論になり、気を取り直してペンションへ戻るのであった。今から思うとまったく安あがりで、安全な気晴らしだったように思う。

こうやって文字通り、楽しい時も、悲しい時も、淋しい時も、いつも一緒にいた。私にとって、生駒と早太郎はかけがえのない人生の伴侶であった。そして、私達夫婦のカスガイでもあった。本当に沢山の思い出をありがとう。天国で兄妹仲良く遊んでね。

（1991年9月、杏子）

手がかかった早太郎

この『さようなら生駒』を書き上げた直後の1991年8月10日、生駒の兄貴である早太郎もこの世を去った。

生まれて十数日で、わが家の家族の一員となった早太郎と生駒は、本当に仲の良い兄妹だった。散歩に行くのも、写真を撮るのもいつも一緒だった。生駒が早太郎にしつこく遊んでくれとせがんで怒られる時を除けば、いつも仲良くじゃれ合って遊び、他の犬に対しては、協力して闘った。生駒に他のオス犬がちょっかいを出すと早太郎が顔色を変えて怒った。

しかし、生駒よりも実は早太郎の方が手がかかったのである。子犬の頃、屋根から落ちてきた雪を背中に当てて、その頃から背中の骨が少しわん曲したようで、その後もお腹をこわしたり、便に血が混じっていたり、心配の種は尽きなかった。その上、5歳頃から、風、雪、大きな音を極端に恐がるようになった。気温が下がって、雪が降りそうな雲行きになると、早太郎が落ち着かなくなった。次第に騒ぎ始め、1時間もしない内に雪が降るという具合で、予知能力があると言って自慢していたのだが、実は、この頃から雪が恐かったのである。

雪が降り出して大騒ぎするので、最初の内は、ひっぱたいたり、なぐったりして諦めさせたが、その内に、言うことをきかなくなり、近くのものを手当たり次第かじって壊したり、高い所によじ登ろうとして、鎖で首をつる騒ぎまで起こした。それでも、家の中に入れるということは考えられず、毎日毎日早太郎とのケンカが続いたのである。そして、しばらくして、どうやっても言うことをきかないので、仕方なく乾燥室にケージを置き、騒ぐと入れるようにした。しかし、それも長続きせず、我々のプライベートルームに入れるはめになってしまった。それにも拘らず、風の音が聞こえると、部屋の中で暴れ、鏡台の上のものは蹴散らしたり、ベッドの上で右往左往して恐がるのである。

それでも、我々夫婦のどちらかが傍にいてやると、何とか落ち着くのだが、ひとりになるとまた騒ぐのである。全く仕事が手につかなくなった。夕食が終わって、食堂でお客さんとゲームをしたり、飲んだりしていると、恐い、寂しいと言って騒ぐのである。本当に困惑した。しばらくして、二人で留守にする時のために、部屋に座敷牢のような小屋を作った。出掛ける時は、むりやり押し込んで、小屋の入口を閉めた。

ところが、これがいけなかった。閉所恐怖症のようになり、どんなことをしても入らなくなった。その上、天気の穏やかな時でも、屋外の小屋の中には決して入らなくなってしまった。その後、外の小屋に窓を作ってやったり、部屋ではラジカセで音楽を流して、風の音が聞こえないようにしたりして色々対策を試みたが、一時的に効果はあったものの、結局は解決策にはならなかった。

仕事への影響があまりにも大きくなって、遂に、早太郎の命を薬で縮める相談を真剣にしたことがあった。保健所へ連れていくよりは、せめて私達の手であの世に送ってやろうと考えたのである。しかし、決心がつかず、時が過ぎて、結局やめようということになった。早太郎のしたいようにさせてやろう、私か妻がいつも傍にいなければいけないのならそうしてやろうと決心したのである。

それからは、部屋に入りたいと言えば入れてやり、さびしいと言えば傍にいてやるようになって、安心したせいか、大分良くなった。

そして、穏やかな日々を過ごしていた早太郎が、不運にも、たまたま私が入院中の8月10日にこの世を去ってしまった。知らせを聞いて、一時帰宅の許可をもらい、早太郎を弔うために家に帰って来た。

横たえられた早太郎に頬ずりをして、看取ってやれなかったことを詫びた。手を合わせると、かつて、子犬の頃、生駒とじゃれ合っていた姿や、小川を勇敢に飛び越えたり、小屋の上で得意げに仁王立ちしたり、新雪の中を先頭を切ってラッセルしたりした姿が、つい昨日のことのように思い出され、涙が自然に溢れた。

早太郎！　沢山の思い出をありがとう。


（1991年9月、正勝）

Ⅱ

ヴァルトへ

レラとフーカ

レラが来た！

1991年6月30日。新潟空港に子犬を迎えに行くことになった。わが家から新潟空港まで車で2時間。飛行機の到着時間は3時と聞いていたので、少し早めに到着したが、荷物引渡し所に行くと係員が、

「1時に着いていました。ご自宅に何回も電話したんだけど……」

「ええ!?」

13時と3時を聞き間違えていたらしい。ケージに入っていた子犬は待ちくたびれたのか、長旅で疲れたのか寝ていた。

「待たせてごめんねぇ」と声をかけるとむっくり起き上がった。足が太いというのが第一印象だった。

「わぁ〜、この子は大きくなるわね」

わが家に着いた時のレラの体重は約3キロだった。最初の夜、部屋にダンボールを置き、寝かせたが、しばらくすると「エァー、エァー」とビックリするような声。

表現が難しいのだが、「エ」が濁ったような声といえばいいのか。子犬の「ク〜ン、ク〜ン」でも「キャン、キャン」でもない。今まで聞いたことのないダミ声だった。

主人と私は顔を見合わせた。どこから聞えてくるの？　しばらくすると、またダミ声が。

「この声なに？　子犬が鳴いているの？」

主人は「映画で観たマタギのシーンに出てくる子熊の鳴き声に似てるなあ。母熊がマタギに仕留められて置いてある所に、子熊が来るシーンがあったんだ。母熊を求めて鳴く子熊の鳴き声がこんな風に、ダミ声だったよ」

「この子犬はきっと熊に育てられたのに違いない」

「さすが熊狩りの犬だね」

などと大騒ぎしながら夜は過ぎていった。

この子犬は血統書名は「波久娘」だったが、コールネームは「レラ」になった。

「レラ」はアイヌ語で「風」という意味。図書館でアイヌ語が出ている本を片っ端から読んで、響きも意味も気に入った「レラ」になった。北海道犬はアイヌの人たちが飼っていた犬が祖先なので、北海道犬にアイヌ語の名前をつける飼い主は多いのである。

翌7月1日は主人が病院に検査結果を聞きに行く日。

「少し胃の具合が悪いから、胃カメラを飲んでくるかなぁ」と6月中旬に胃カメラを飲んだのだ。なんの疑いもなく検査結果を聞きに行ったところ、胃に腫瘍が見つかった。病院からの電話で「即日入院、手術」を言い渡されたと主人。ペンションが忙しい夏のシーズン目前での入院、手術は本人もショックだったが、私も少なからずパニックになった。

主治医に「せめて8月の旧盆が終わってからの手術にして下さい」と主人は懇願したが「仕事と命とどちらが大事ですか?」の言葉に入院を決意した。主人は「子犬時代の可愛いレラが見られない」と言って悔しがった。

子犬の成長は早い。1ヶ月も入院していれば、たどたどしい赤ちゃん犬から、小学生の

ような犬になってしまう。子犬のレラと遊べないのがよほど悔しかったにちがいない。

最初のうちは検査が続き、検査のない週末毎に帰宅してはレラと遊んでいた。

「レラ、忘れるなよ。お父さんだよ」そう言いながらレラと遊んでは月曜日に病院に戻っていく主人。そんな主人の病室にはレラの写真が飾られていた。

入院中は私も何回かは病院に泊まり込んだりした。そんな時、レラの世話をしてくれたのは、以前居候としてペンションを手伝ってくれたことのあるY君、B君夫妻。そして私の甥っ子とその友人。レラは沢山の人に育てられたのである。

主人が無事に退院したのは8月末。手術してから退院までの3週間は帰宅も出来なかったので、主人が近づくとレラは「この人、誰だっけ?」というような反応だった。私はちょっと慌てた。なるべくレラと主人がいる時間を多くして、「この人がお父さん!」という認識を持たせなければ……と努力したけど、そんな努力は要らなかった。すぐにお父さん大好き娘になり、先代の生駒に負けず劣らずの寵愛を受けることになったのである。

早太郎とレラ

レラが2代目看板犬としてわが家にやってきた時、早太郎は14歳のおじいちゃん犬になっていた。精悍な顔も白髪が目立ち、どんなところでも飛び越えてしまう跳躍力は衰えてきていた。でも、頑固な性格だけは健在だった。

早太郎はオチビのレラが側に行くと「ウ〜」と唸って寄せ付けない。オチビ犬をどうやって扱ったらよいか分からなかったのだろう。ブリーダーさんの話では「母犬は自分の子犬以外は面倒を見ない場合が多いけど、オス犬は誰の子犬でも面倒見る場合が多いですよ」と聞いていたが、さすがに14歳の早太郎にお父さん犬のような役目は無理のようだった。

早太郎とレラは約1ヶ月半ほど一緒に暮らした。結局仲良くはなれなかったが、レラは早太郎から色々な事を教えてもらっていたようだ。

「業者とお客さんを正確に見分ける方法」とか「忙しい時と暇になった時の見極め方」とか……。勿論、犬にはかなりの判断力があるとは思うが「絶対に早太郎から教わっていた」と思う場面が数多くあった。早太郎じいちゃんも「これからはおまえが看板犬なんだからな。良く見ておけ！」と言っていたのかもしれない。

フーカとの出会い

レラが13歳になった年にわが家の家族になったのがフーカだ。段々に体力もなくなり、看板犬としての役目も辛そうになってきたレラを「引退させてあげよう」と話し合っていた春のことである。ペンションのホームページを見て、北海道犬を連れて遊びに来て下さった方がいた。

愛知のKさんご夫妻は体格の良い白毛のオス犬を連れてきていた。犬談義をしていて、「そろそろ子犬を迎えようかと考えているんですよ」

というと、Kさんも

「私達も子犬を飼うことになっている。今、北海道・稚内のブリーダーのTさんに頼んでいるんです。もうすぐ生まれる予定です」

という。

稚内のTさんのアドレスを教えてもらい、すぐにメールをした。

返事は「何匹生まれるか分からない。メスはすでに2匹の予約が入っているので、もし

3匹生まれればお譲りできます。生まれるまでお待ち下さい」というものだった。

それからというもの、毎日、TさんのHPを見て、子犬の生まれるのを待ち続けた。2004年4月15日、オス1匹、メス3匹の子犬が無事に誕生した。主人と小躍りして喜んだ。3匹のメス犬の中の1匹を譲っていただけることになり、成長を楽しみにしていた矢先にTさんからのメールで「子犬の尻尾に傷がつき、尻尾の先っぽが取れてしまうかもしれない」との連絡があった。

Tさんは、

「今回は諦めて、次の子犬が生まれるまでお待ちいただいてもかまいませんが」

と言われたが、すでに名前も「風花」と決めていたし、展覧会に出陣するわけではなく、家庭犬として飼うので「尻尾が短くても構わないよね」という結論はすぐにでた。

「お母さん犬に引き戻される時に犬歯が入ってしまったらしいよ。よっぽどのお転婆さんなんだね。特徴があっていいかも」

こうして、3代目の看板犬として、白毛の北海道犬のメスがわが家にやってくることになった。

テレビ出演を果たす

犬のカレンダーに応募して、表紙をゲットする作戦はフーカが来てからも続いていた。白毛の北海道犬2匹の画像なら、インパクトがあるに違いないと確信して応募したが、結果は表紙は飾れず……。

それでも、フーカは「子犬めくり」と「大判カレンダー」に採用された。カメラマンの腕も少しは上達したのか。

北海道犬2匹飼いはやはり珍しいのか、地元テレビ局の「わが家のペット」というコーナーにも出演した。白の北海道犬は「雪が似合う」ということで冬の撮影だった。お転婆フーカは差し出されたマイクのカバーをパクリとやったり、カメラに近づきすぎて大笑いされたり。飼い主の方は冷や汗をかいた。

テレビ出演に応募したのは勿論私だ。主人は「俺はテレビになんて出ないよ。インタビューされて何か喋るなんて絶対に嫌だからね」と取材拒否をしていたが、当日はディレクターに促されて、インタビューに答えていた。結局放映されたのは、私の受け答えより、主人のほうが多かったのだ。何故？

ペンションのお客様から「ローカル局では見られないから、全国ネットに出演して」と注文が来た。全国ネットってどんな番組があるのだろう？　「ポチたま」かな。

そして某テレビ局の名物コーナー「きょうのわんこ」に応募した。ローカル局の取材依頼は、応募して2〜3日で連絡が来たので、全国ネットも簡単に選ばれるだろうと思っていた。

でも、取材の連絡はいつまで経っても来なかった。

「やはり全国ネットは競争率が高いのね。ダメだったんだわ」と思っていたところ、1年が経過した冬、取材の連絡が来た。

この取材の時はシーズン一番の猛吹雪の日。朝7時には取材の車が到着した。

「こんな悪天候でも大丈夫でしょうか」

「全然問題ありません。北は稚内から、南は台風直撃の沖縄まで撮影していますから」

撮影クルーはこともなげに言うと、打ち合わせもそこそこに、

「では、散歩してください」

「ゆっくり歩いて！」

きょうのわんこ

「2匹の間隔はあまりあけないようにして下さい」

などなどの指示が飛んだ。

取材のビデオカメラが凍ってしまうほどの雪の中、2匹は張り切って雪をラッセルして歩いた。一番の難関は最後に撮影するカットで「2匹が並んでカメラ目線で10秒間静止してください」というところ。レラがカメラ目線しても、フーカが横を向いてしまうし、フーカが落ち着くと、レラが後ろを向く、といった具合だった。

私がカメラの後ろに立ち、オヤツや音の出るオモチャなどで2匹の気を引く作戦でどうにか最後のシーンも撮り終わり、取材班が帰ったあと、どっと疲れが出た。

撮影時間は2時間近くだった。実際の放映時間は1分半ほどなのに、カメラは随分長くまわすのだ。どうやって編集するのか？　人気の女性アナウンサーのコメントはどんなふうにつくのか？　と心配だったが、さすがプロ、上手に編集されていた。

その様子は「きょうのわんこ」で紹介され、全国から反響があったのはいうまでもない。

リタイアした

2008年の6月、私達は31年経営したペンションをリタイアした。

次の住まいは、「レラとフーカが幸せに暮らせる環境の所」を念頭に置いて探した。現在の信濃町の「森の中の暮らし《ヴァルト》」はレラとフーカのために決めたと言ってもいい。家の周辺は雑木林が広がっていて、町営牧場が近くにあり、乳牛が沢山飼育されている。

フーカは牛にも興味津々。散歩コースの牧場の柵越しに牛と対面した。牛もフーカに興味があるのか、集団で集まってくるのには驚いた。また、豚を飼っているところもあり、フーカは豚にも挨拶しようとしたが、嫌われたようだ。

そして、道路を横切るキジの親子や、夢中で何かを口に頬張るリス、すばしこく逃げるトカゲ。何にでも興味を示しながら散歩した。

2008年の6月に引越してから、1ヶ月ほどで、レラがお星様になった。

引越す前からかなり足腰が弱っていて、大丈夫かなと思っていたが、なんとか一緒に来ることが出来た。

そして「ここなら大丈夫。お父さんもお母さんもフーカも幸せに暮らせる場所だわ」と見届けて静かに逝ったように思う。長く寝込むこともなく、苦しむこともなく逝ったレラ。沢山の人に愛され、私達にも沢山の思い出を作ってくれたレラ。本当に素晴らしい生涯だった。17歳と50日、大往生だった。

それから1年もしないうちに、フーカも突然お星様になってしまった。まだ5歳という若さだった。

まさか1年のうちに愛犬2匹と別れるとは考えてもいなかった私達は悲しみに打ちのめされ、その寂寥感から立ち直ることが出来ないまま数ヶ月が過ぎていった。

シニア世代の私達にとって、フーカは「自分達が責任を持って飼うことが出来る最後の犬」という思いがあった。そのフーカを失い「もう犬は飼えないだろう」という気持ちといつも側にいた犬が今はいないというなんともいえない寂しさ。

朝、「おはよう」と声をかける相手がいない。「ご飯まだ?」「早く散歩に行こう」という催促の声も聞けない。

犬がいるから規則正しい生活のリズムが出来上がっていたのに、それも崩れてしまった。ただただ、写真を見返しては涙し、思い出を話しては涙し……の毎日。

涙が枯れる事はなかった。

ソラ

新しい家族

レラとフーカを相次いで失った私達は、犬がいない寂しさには耐えられない。でも、これから犬を飼うことが出来るだろうかという思いが交錯する日々を過ごしていた。

そんなある日、フーカの同胎姉妹犬のピリカちゃんを飼っている愛知県のKさんが訪ねて来てくれた。そして、

「ピリカが子犬を産む予定です。9月中旬から下旬になると思います」

という思いもかけない言葉に、私はフーカが「姉妹犬のピリカちゃんの産む赤ちゃん犬を可愛がって」と言ってくれたような気がした。

「ピリカちゃんの赤ちゃんを育ててみよう。もう1回北海道犬を飼ってみよう」

そう強く思ったのである。

そして、2009年9月23日、待望の子犬が誕生した。私達は、からだも大きくならず、力も強くない女の子が希望だった。ピリカちゃんにも「女の子を産んでね」と頼んでいたのだ。

ところがKさんから「4匹全部男の子だったんです」という連絡があり、これから間違いなく体力が落ちていくであろう私達に、牡の北海道犬が飼えるだろうか、と躊躇した。しかし、不安よりも「また子犬を抱っこできる。あの温かくてフワフワした感触が味わえる。北海道犬と雪の中を走り回ることが出来る」という期待の方が大きかった。

「1匹を新しい家族に迎えたいと思いますのでよろしくお願いします」

翌日にはKさんに連絡を入れていた。

こうして私達夫婦は遂に5匹目の北海道犬を飼うことになったのである。

10月11日、愛知県のKさんが生後19日の子犬4匹を連れて来てくれた。子犬達は目は開

いていて、離乳食は食べるようになってはいたが、まだ足取りはおぼつかなく、視力もはっきりしていない。抱き上げるとプニョプニョで温かく、「またこの愛おしい犬と暮らすことが出来る」という思いで、涙が出るほどしあわせな気持ちになった。

さて、どの子をわが家の家族として迎えるか。私は散々迷って、決めかねた。色も大きさもほとんど差がなく、「この子可愛いね」と思っても動き回るとどの子だか分からなくなるからだ。

Kさんが持参した4色の首輪をつけて、「黒首輪をしているこの子にしよう」と決めたのは主人だった。しかし、決めた理由はなんだったんだろう。

チビギャングが来た

名前は「ソラ・SOLA」に決めた。

「青く晴れ渡り、さわやかに澄んだ空のように、素直に、大らかに、健やかに育って欲しい。早太郎、生駒、レラ、フーカも空から見守って欲しい」

そんな願いを込めて名付けたが、親の期待通り育ってくれるだろうか。

10月31日、チビギャングことソラが生後39日目でわが家へやってきた。まだ兄弟と一緒に母犬のオッパイを飲んでいるソラは、もう少し親兄弟と一緒にいたほうがいいかもしれないが、この時期は順応性も高いので、しばらくの間の夜鳴きを覚悟で早めに連れて来てもらった。

ソラの為にリビングとキッチンとの間に2畳のカーペットを敷き、ケージを置いて買っておいたおもちゃと、Kさんに頼んで用意してもらったお母さん犬や兄弟犬の匂いの付いたタオルと今まで使っていたおもちゃも置いた。ペットシートも敷いて準備万端。

ソラは移動の疲れもあったのか、夕方はケージで爆睡していた。

ご飯は1日4回。パピー用のカリカリフードをふやかしてあげる。フードは最初だけは同じメーカーの物の方が食べてくれるだろうと、Kさんに聞いて用意しておいた。さすがに最初のご飯は食欲がない様子。そんな時はわが家の必殺技「かつおぶし」をふりかけてあげる。歴代のワンコがこの「かつおぶし」にはお世話になってきた。

夜、さっそく夜鳴きが始まった。11時頃、切なそうに鳴きわめいた。

「お母さ～ん、ぼくの兄弟は?、寂しいよ～」と言っているかのようにいつまでも天を仰いで鳴いていた。

心を鬼にしてそのままにしていると、鳴きつかれて寝る。そして夜中の2時に起こされた。トイレの催促と目が覚めたらまた寂しくなったのだ。

起きていって、ペットシートにオシッコをさせ、またケージに入れると鳴く。しばらくすると鳴きつかれて寝て……。今度は5時に起こされた。またもやオシッコをさせ、しばらく遊んでケージに入れて……。当然私は寝不足である。それに11月の夜中は寒い。

そして何故かこの夜中に起きる役目は歴代のワンコの時から私の役目なのだった。「母親の役目だから当然でしょ」主人はいつもこう言い放って、夜中のトイレタイムに起きてきた事はほとんどない。

2晩目。昼間は一人遊びも出来て、食欲も徐々に出てきた。でも、夜は「お母さ〜ん、寂しいよ〜」が始まる。そして、3時に起こされ、6時に起こされ……。寒いし、眠い。

今までのレラやフーカは春生まれだったので、オチビ時代が夏だったから夜中に起こされても眠いけど、寒くはなかったのだ。

3日目。また鳴くかな。「もう3日目だよ。鳴かないだろう」と主人。

本当に鳴かなかった。夜暗くするとあっさりと寝てしまった。凄い。夜鳴きが2晩で終わった犬がいただろうか。

でも、夜中のトイレ催促はある。そして起きるとしばらくは遊んで欲しいと私の腕を噛んで離さない。これは仕方ないが、私は眠い。

「静かに寝るならその方が楽だわ」と自分のベッドに抱いて入った。寒くなってきた時期だったので、体温の高い子犬は湯たんぽのように温かく、ソラも安心して私の腕の中で寝た。

ところがこれを2日間続けたら、ベッドに連れていかないと騒ぐようになってしまった。学習してしまったのだ。これはいけない。

湯たんぽのように温かいし、子犬の寝息もとってもいとおしいが、癖にしてしまったら人間が困ることになる。またまた心を鬼にして鳴いても無視することにした。するとひと晩であっさり諦めた。

諦めのいい子で助かった。

オチビだからといって侮ってはいけない。すぐに学習する能力を持っているのだから。

ソラは学習能力が高いかもしれない。それだけに躾も気をつけなくてはと、私と主人は気を引き締めて育児に取り組むことになった。

あとがき

私達は、初めて飼った生駒と早太郎に始まって30数年間、ずっと北海道犬を飼い続けてきた。北海道犬ばかり5匹も飼ったと言うと、「よほど魅力があるんでしょうね」と度々聞かれるが、正直のところ、その理由はよくわからない。

それでも、強いて理由をあげるなら、最初に飼った生駒があまりにもいい子だったからではないかと思う。

生駒が死んでしまったあと、3匹目も4匹目も5匹目も白毛の道犬を飼った。無意識のうちに生駒の面影を追っていたのかもしれないと、振り返って考えるとそう思えてくるのである。

5匹の北海道犬は皆それぞれ個性が違った。従順な子もいれば、親に楯突く子もいる。妻は子どもは褒めて育てるものと常々言っている。私は、叱って育てるべきだと言い張る。この対立を引きずったまま30年以上北海道犬を飼ってきた。

この対立はいまでも続いているから、犬を飼う者の〝永遠の課題〟なのかもしれないが、それもまた、犬を飼う楽しみの一つであることは間違いない。

近年は、生駒・早太郎を飼っている頃には考えられなかったネットでの情報発信ができるようになり、現在飼っている5匹目のソラは、成長記録をブログ「ヴァルトの日々～黒姫で暮らす」(http://wald64.blog43.fc2.com/) に連載している。その縁で、全国からソラに会いに来てくれる人が増えてきた。嬉しいことである。

この本もその縁のひとつから生まれた。ほんとに不思議な〝北海道犬との縁〟である。さらにこの本を通じて、その縁の輪が広がっていくなら、こんなに嬉しいことはない。

2010年6月

ヴァルトより　山本正勝

●ヴァルト体験工房

著者の山本夫妻による燻製づくりと草木染めの体験教室。
燻製・ジャムの通信販売も行っている。

▼連絡先
〒389－1316
長野県上水内郡信濃町大字大井2472－1913
電話　080－6939－1402
ＨＰ　http://dia.janis.or.jp/~wald
ブログ「ヴァルトの日々～黒姫で暮らす」
（http://wald64.blog43.fc2.com/）
メール　wald@dia.janis.or.jp

●㈳天然記念物北海道犬保存会

〒060－0004
札幌市中央区北４条西１丁目　共済ビル３Ｆ
TEL·FAX　011－261－9910
ＨＰ　http://hokkaidoinu.jp/

山本正勝・杏子（やまもとまさかつ・ひさこ）

神奈川県横浜市出身。

1977年、信州斑尾高原でペンション「ぶ〜わん」を開業。北海道犬との暮らしが始まる。

2008年、リタイアし、黒姫高原の森に移住。5匹目の北海道犬を育てながら、燻製づくりと草木染めの体験教室を開いている。

ブログ「ヴァルトの日々〜黒姫で暮らす」（http://wald64.blog43.fc2.com/）

北海道犬がやって来て

2010年10月1日　発行

著　者　山本正勝　山本杏子
発行者　西村孝文
発行所　株式会社白馬社
〒612−8105　京都市伏見区東奉行町1−3
電話075(611)7855　FAX075(603)6752
HP http://www.hakubasha.co.jp
E−mail info@hakubasha.co.jp
印刷所　爲國印刷株式会社

ISBN978-4-938651-77-0